GÉOGÉNIE

ÉTUDE

SUR

L'ORIGINE ET LA FORMATION DE LA TERRE

PAR D. DANTON

ANCIEN INGÉNIEUR CIVIL DES MINES.

La recherche des causes dans les grands phénomènes de la nature, loin de diminuer le charme de la contemplation, stimule et ennoblit les jouissances de l'esprit.

D. D.

ANGERS
IMPRIMERIE P. LACHÈSE, BELLEUVRE ET DOLBEAU
Chaussée Saint-Pierre, 13

1866

GÉOGÉNIE

ÉTUDE

SUR

L'ORIGINE ET LA FORMATION DE LA TERRE

PAR D. DANTON

ANCIEN INGÉNIEUR CIVIL DES MINES.

La recherche des causes dans les grands phénomènes de la nature, loin de diminuer le charme de la contemplation, stimule et ennoblit les jouissances de l'esprit.

D. D.

ANGERS
IMPRIMERIE P. LACHÈSE, BELLEUVRE ET DOLBEAU
Chaussée Saint-Pierre, 13

1866

I.

La géologie comprenant dans son vaste domaine tout ce qui tient à la formation de la terre, nous avons pensé qu'il ne pouvait être étranger à cette science de rechercher les différentes phases du développement de notre globe, en remontant jusqu'à son origine, et d'interroger les lois immuables de la matière, ainsi que les phénomènes qui se manifestent sous nos yeux, pour y chercher l'explication de son état actuel, et des modifications lentes, mais constantes, que le temps lui fait subir.

En procédant par voie d'analyse, peut-être se rendra-t-on compte de cette grande synthèse des éléments de notre planète, telle qu'elle apparaît de nos jours, et pourra-t-on conclure, après une étude approfondie et avec quelque certitude, ce que Thalès enseignait par pure intuition il y a deux mille ans à l'école Ionienne, à savoir : que le soleil, les étoiles et la terre, sont des astres de même nature et de même origine, à des états différents de combustion.

Nous nous sommes efforcé, dans cette courte notice, d'être à la fois concis et substantiel autant que le comporte le sujet, laissant le moins de place possible aux pures conjectures, pour nous appuyer sur les faits acquis à la science, convaincu que la phraséologie nuit plutôt qu'elle n'ajoute à l'intérêt d'une étude qui exige une attention soutenue, servie par quelques connaissances dans les sciences physiques.

Pour faciliter la lecture de ce travail et ne pas perdre de vue l'enchaînement des phénomènes qu'il expose, nous invitons le lecteur à ne s'arrêter aux notes qui y sont annexées qu'après une première lecture, et dans le cas où le texte aurait besoin pour lui de certains éclaircissements.

Quelques-unes de ces notes répondent à plusieurs objections qui nous ont été adressées par un savant d'une grande autorité, et nous en sommes d'autant plus heureux qu'elles ne touchent qu'aux questions accessoires de notre sujet, et que la plupart de ces objections ont été réfutées par l'auteur lui-même, dans une remarquable brochure que nous indiquons dans ces notes, et à laquelle nous renvoyons le lecteur.

C'est d'ailleurs sur les encouragements de cet éminent professeur que nous publions ces quelques pages, espérant que, puisqu'elles ont su l'intéresser, elles trouveront près des personnes habituées à la méditation, un attentif et bienveillant accueil.

II.

Si nous élevons nos regards vers l'immensité de l'espace, nous y voyons la matière concentrée en innombrables sphéroïdes de diverses dimensions, se mouvant dans des milieux relativement dévastés. Cet aspect de l'univers nous conduit naturellement à penser que, de même que les vapeurs de notre atmosphère se condensent pour former les nuages, de même une matière primordiale et vaporeuse s'est concentrée en ces différents points de l'espace, obéissant à des lois statiques particulières, sous l'influence des forces multiples inhérentes à la matière, et qui président à ses perpétuelles évolutions (1).

Cette condensation se continue d'ailleurs de nos jours, et l'agrégation des nombreuses et lointaines nébuleuses que nous montre le télescope en est une véritable démonstration (2).

C'est donc à cette loi universelle de condensation de la matière autour de certains centres qui, comme autant d'aimants, attirent à eux les éléments compris dans les limites de leur action, que doit être attribuée la formation de tous les corps célestes, et de notre terre en particulier, dont les corps de la surface sont encore si fortement attirés vers le centre.

On sait que la masse principale de notre globe est fluide, et ce fait ressort de sa forme sphéroïdale dont la physique démontre les lois, et que l'expérience a rendue évidente par les voyages de circumnavigation. Nous savons également par expérience que la température intérieure de la terre augmente de un degré par trente mètres de profondeur, ce qui suppose qu'à une distance de soixante kilomètres au-dessous de la surface, la température est de deux mille degrés, c'est-à-dire suffisante pour fondre toutes les matières minérales. La partie solide n'est donc qu'une mince écorce qui n'a pas la deux-centième partie de l'épaisseur de la sphère, et ce fait est prouvé par la vue des cratères volcaniques en activité, où la lave éprouve un flux et reflux oscillatoire, analogue à ceux des eaux de la mer, et sans doute sous la même influence de l'attraction lunaire, phénomènes qui ne se produiraient pas si, ainsi que le prétendent les adversaires du feu central, les laves volcaniques n'étaient dues qu'à des centres de fusion locale, espèces de lacs ignés sans étendue ni profondeur (3).

Nous devons donc voir dans le globe terrestre un sphéroïque composé de quatre parties concentriques : l'atmosphère, l'eau, la croûte, et la masse centrale, dont les densités augmentent progressivement de la périphérie au centre, ainsi que le prouvent les expériences du pendule et de la balance de torsion.

Au point de vue cosmologique, l'astronomie nous montre la terre se mouvant : 1° d'un mouvement giratoire sur son axe, autour duquel nous parcourons environ 10,000 lieues par jour ; 2° d'un mouvement elliptique qui nous emporte autour du soleil, avec une vitesse de 650,000 lieues par jour ; 3° enfin, d'un mouvement propre au système solaire tout entier, qui se meut dans l'espace avec une vitesse que Bessel évalue à plus de 1,300,000 lieues par jour.

Quelque invraisemblables que nous paraissent ces divers mouvements, en contradiction avec le repos apparent dont nous jouissons, ces déplacements vertigineux n'en sont pas moins des faits certains, puisque c'est sur eux que s'appuient les calculs relatifs aux phénomènes de notre monde planétaire, et notamment aux éclipses, qui nous sont annoncées avec tant de précision.

Revenons à la constitution physique de la terre composée d'enveloppes concentriques de diverses densités, et, aidé des lois que la chimie nous a révélées, voyons de quels éléments ces différentes parties sont composées et comment elles ont dû se former.

L'atmosphère, qui nous enveloppe d'un voile transparent de 14 à 15 lieues d'épaisseur, se compose essentiellement d'oxygène, d'azote, et de vapeur d'eau, à l'état de mélange.

L'enveloppe liquide, en y comprenant les mers, les lacs, les glaciers, et les eaux courantes de l'intérieur des continents, recouvre plus des quatre cinquièmes de la surface du globe, sur une grande profondeur, et les éléments de cette nappe immense et insondable sont l'oxygène et l'hydrogène à l'état de combinaison chimique.

Enfin, au-dessous des deux enveloppes fluides vient l'écorce solide, formée de roches et de terres, dont les éléments minéraux sont des silicates et des carbonates où dominent les bases alcalines, et que pénètrent encore d'innombrables filets d'eau, ainsi que nous le démontrent l'exploitation des mines et le forage des puits artésiens.

Il est donc certain que l'eau, qui constitue nos mers, dont la profondeur dépasse en certains points 10 kilomètres, qui sillonne l'intérieur de l'écorce terrestre comme les veines sillonnent le corps humain, et qui trouble notre atmosphère de ses vapeurs plus ou moins condensées, que l'eau, disons-nous, est bien incontestablement l'élément essentiel et prédominant de notre domaine, et les sédiments les plus anciens comme les plus modernes nous prouvent par leur nature et leur étendue, qu'il en a été ainsi à tous les âges géologiques.

Or, l'eau, cet élément prédominant, est le produit de la combinaison de l'oxygène avec l'hydrogène, ou en d'autres termes, le produit de la combustion de l'hydrogène par l'oxygène, ainsi que nous le démontre l'expérience eudiométrique, et c'est cette propriété qui a fait donner au gaz hydrogène son nom, qui signifie *générateur de l'eau.*

C'est qu'en effet, on ne peut produire de l'eau que par cette combinaison des deux gaz, phénomène qui est toujours accompagné de chaleur et de lumière dans un milieu suroxygéné, ou même à l'air libre.

L'eau est donc le produit du feu, et de même que toute personne qui parcourrait un pays couvert de cendres, en conclurait avec certitude qu'il a été le théâtre d'un vaste incendie, de même tout géologue chimiste, en voyant la prédominance de l'eau parmi les éléments connus de la terre, doit en conclure qu'elle a été un immense foyer de combustion.

On peut donc rigoureusement déduire de ce qui précède, qu'une longue période de la formation de la terre a été une période de combustion, de chaleur et de lumière, et que brillant de son propre éclat, notre globe, avant d'être la modeste planète de nos jours, comptait parmi les innombrables flambeaux du firmament.

Quoique ce fait important nous paraisse dès à présent solidement établi, nous essaierons de nous rendre compte des phénomènes qui ont caractérisé les différentes phases qu'a subies notre planète, et nous espérons, en continuant de nous appuyer sur les données de la science expérimentale, ajouter à cette preuve de l'origine ignée de la terre, encore plus de force et peut-être plus d'attrait.

III.

Première période.

Si la création, ou l'origine de la matière, doit rester pour l'homme un éternel problème, il faut bien reconnaître, cependant, que grâce à la méthode expérimentale et analytique qui préside à tous nos travaux dans l'étude de la nature, nous pouvons nous flatter aujourd'hui d'avoir défini et calculé avec la plus rigoureuse précision, les mouvements des grandes masses planétaires, et dévoilé le secret des lois qui déterminent l'association des éléments dans la constitution des formes minérales ou organiques.

De tels résultats sont bien propres à encourager l'esprit vers de nouveaux problèmes, et doivent faire espérer de pénétrer encore plus avant dans les secrets de la nature. Sans doute notre entendement sera toujours impuissant à comprendre l'origine des choses, mais nous pouvons du moins appeler l'expérience et l'analogie à notre aide, quand nous cherchons à nous rendre compte de l'état primordial de la matière qui remplit l'étendue.

Puisque le maximum de volume que présente la matière répond à l'état gazéiforme ; que l'univers est actuellement composé de globes dans lesquels elle s'est condensée et qui circulent dans un milieu presque sans résistance, on est naturellement conduit à considérer tous ces globes comme provenant d'une matière primordiale, hétérogène, et uniformément répandue dans l'espace à l'état d'extrême division, de vapeur ou éther cosmique, qui s'est séparée et comme déchirée, à la manière des nuages, chacun de ces nuages devant à son tour se condenser sur différents point particuliers, et donner naissance aux groupes d'astres dont le système solaire, cet îlot dans l'univers, nous offre aujourd'hui l'image au sein de l'immensité.

Cette opinion n'est pas purement conjecturale ; je dirai même qu'elle est au moins vraisemblable puisqu'elle est déduite *à posteriori* des faits observés dans la nature, où les formes, c'est-à-dire les corps, les individus, ne se produisent qu'en vertu de cette condensation des éléments qui les constituent.

Il y a donc eu un temps où la terre, d'abord confondue avec les autres corps célestes dans un océan sans rivages, s'est dégagée à son tour comme une gouttelette au sein du nuage solaire, et formée sous l'action de cette condensation générale. A cet état embryonnaire, la terre n'était encore qu'une masse de vapeurs hétérogènes, renfermant à l'état atomique tous les éléments qui, associés et combinés, constituent aujourd'hui ses différentes parties.

Mais la matière, ainsi que nous le constatons chaque jour, est douée d'énergies multiples ; c'est la force attractive qui, appliquée aux grandes masses et à de grandes distances, prend le nom de *gravitation*, que l'on nomme *pesanteur* quand elle est considérée par rapport au centre de la terre; et *cohésion* quand elle s'exerce à de faibles distances, pour agréger sous des formes définies les éléments de même nature.

C'est encore l'énergie particulière à chaque atome et qui, sous le nom d'*affinité*, nous montre tel corps se portant sur tel autre, en vertu d'une loi élective que la chimie révèle si sûrement, et sur laquelle est basée cette belle science. De ces énergies, ou forces inhérentes à l'atome matériel, dérive le mouvement, et comme conséquence, des phénomènes qui se manifestent dans toute combinaison chimique, et qui, sous les noms de *lumière*, *chaleur*, *électricité*, *magnétisme*, *etc.*, deviennent causes à leur tour, et sollicitent la matière dans ses évolutions multiples et son incessante transformation (4).

La masse cosmique qui devait se concentrer plus tard pour constituer la terre, occupait dans l'espace une étendue dont le volume actuel du globe ne peut nous donner la moindre comparaison, et qui, éclairée par la lumière des astres déjà en voie de combustion, devait offrir l'aspect d'une vaste nébuleuse. Mais on conçoit qu'au sein de cette masse, et en un point mathématique où la résultante de toutes les forces attractives des autres corps de l'espace, se trouvait équilibrée par la résultante de toutes les forces initiales imprimées aux molécules de cette nébuleuse, l'attraction moléculaire a pu s'exercer librement et, de même que sous une égale pression dans tous les sens, la goutte d'eau se forme des vésicules de vapeur qui se groupent, de même un premier rudiment consistant, a pris naissance, pour constituer le point central sur lequel sont venus successivement se déposer d'autres atomes, en vertu d'une force de cohésion qui s'exerce encore et que nous nommons la pesanteur.

La masse fluide primitive s'est donc progressivement condensée autour du noyau, en conservant la forme sphéroïdale, forme si générale dans la nature, et qu'affecte l'élément microscopique de la vie organique aussi bien que les mondes qui peuplent l'espace (5).

Suivant le célèbre chimiste Proust, les corps simples, ramenés à l'état de vapeurs, présentent des densités qui répondent aux nombres entiers, et permettent de dresser le tableau suivant, en prenant pour unité le poids de l'atome d'hydrogène.

Hydrogène	1	Silicium	22
Carbone	6	Fer	27
Azote	7	Manganèse	28
Oxygène	8	Cuivre	32
Sodium	12	Argent	54
Aluminium	14	Platine	98
Soufre	16	Mercure	100
Phosphore	16	Or	100
Potassium	20	Plomb	104
Calcium	20		

Ce tableau, comprenant les densités des corps simples les plus répandus, nous montre que les atomes des métaux seraient les plus denses, que les métaux terreux et alcalins viendraient ensuite, et que vers la partie supérieure se trouveraient les métalloïdes gazeux, l'oxygène, le carbone, l'azote et l'hydrogène, qui occupent le haut de la série.

Ainsi, les métaux proprement dits durent se déposer les premiers, et ce fait est d'accord avec les expériences du pendule et de la balance de torsion, qui, en prouvant la densité croissante de la terre, de la surface au centre, mettent hors de doute cet état de choses, que la présence des filons métalliques dans les crevasses de l'écorce avait d'ailleurs fait pressentir aux premiers géologues.

Le globe terrestre se formait donc à la manière de certains sphérolithes, dont le fer carbonaté lithoïde et plusieurs autres minéraux nous offrent l'exemple. Mais ce travail de cohésion ne pouvait s'accomplir sans produire une énorme chaleur, car tout travail atomique et moléculaire, particulièrement dans le passage de la matière de l'état fluide à l'état solide, émet une quantité considérable de calorique jusque-là latent (6). Cette chaleur émise traversant la masse cosmique enveloppante se répandait dans les espaces interstellaires, et la lumière émanant du foyer rayonnant au travers de l'immense enveloppe de vapeurs ambiantes, ne dut produire, pendant un temps inaccessible à nos mesures, qu'une pâle et faible nébulosité.

Cette première période est la *période nébuleuse* ou de *cohésion centrale*.

IV.

Deuxième période.

Le noyau de la terre en voie de formation, désormais nouveau centre d'attraction dans l'univers et pivot d'un nouveau monde, continuant de grossir en vertu de la précipitation des vapeurs; d'autre part le diamètre de la nébuleuse diminuant rapidement par suite de cette condensation, et le rayonnement du calorique devenant par ce double motif de plus en plus favorisé, il arriva enfin un temps où la force d'affinité put faire équilibre, puis dominer la force élastique des vapeurs, et dès lors commença, sous l'influence des affinités chimiques, une phase nouvelle, la phase des combinaisons entre les atomes hétérogènes, où l'oxygène, qui prédomine parmi les éléments du globe, jouait le principal rôle, et donnait naissance aux oxydes qui, soit isolément, soit combinés à leur tour, constituent les masses minérales.

Comme après l'oxygène, cet *air vital* des anciens, c'est l'hydrogène, le *générateur de l'eau*, qui est le plus répandu parmi les éléments connus du globe, et que ces deux gaz, de densités très-rapprochées et d'une énergique affinité, se combinent à la faible température de deux cents degrés aussitôt mis en présence.

Comme leur légèreté spécifique devait d'ailleurs retenir ces corps vers les régions supérieures de la sphère enveloppante, et dans un milieu où dominait de beaucoup l'oxygène, la combinaison de ces gaz dut facilement s'exercer, produisant un double phénomène de chaleur et de lumière; lumière dont l'éclat devenait sidéral par la présence en certaine proportion des atomes de carbone, potassium, sodium, calcium et de magnésium, dont la puissance photogénique est aujourd'hui si bien connue, et aussi par la production inséparable de toute réaction chimique, d'une énorme quantité d'électricité dont les étincelles, sous forme d'éclairs continus, devaient encore ajouter à l'éclat de ce brillant phénomène.

Cet éclat lumineux se produisant dans toute la zone extérieure, on doit considérer cette zone comme constituant la photosphère de la nébuleuse ainsi modifiée, et progressivement transformée en étoile (7).

Cette période de lumière propre durant laquelle la force d'affinité luttait contre la force élastique, favorisée par le calorique rayonnant de la partie centrale, dut être d'une incommensurable durée, car on conçoit que la molécule d'eau, ou de tout autre oxyde, ne pouvant se former qu'à la partie extérieure de la photosphère où la température était moins élevée, cette molécule descendait en vertu de sa densité, aussitôt refroidie et condensée, jusqu'au point où, trouvant une température suffisante pour la décomposer en ses éléments, ceux-ci s'élevaient pour se recomposer et redescendre encore, produisant par ce jeu de deux forces en action, des courants lumineux du centre vers la périphérie, une sorte de scintillation, et ainsi sans doute pendant plus de milliers de siècles qu'il y a de minutes dans l'année sidérale (8).

Mais, le rayonnement calorifique accompagnant le rayonnement lumineux, le refroidissement continu permit enfin aux molécules d'oxydes de devenir stables, et de se déposer successivement à la surface de la sphère déjà figée, et assez refroidie pour ne plus les décomposer.

Aujourd'hui que l'on est parvenu à mesurer à l'aide du calorimètre, la chaleur développée par le phénomène des combinaisons chimiques, et que l'on a constaté que le calorique, dégagé par la combinaison de deux corps, est précisément égal à celui qu'il faudrait produire pour détruire cette combinaison et ramener ces corps à l'état naissant, on peut se figurer la quantité de chaleur émise pendant la formation de l'eau et de l'écorce solide, par celle qu'il faudrait produire pour volatiliser et décomposer en ces éléments toute la croûte liquide et solide de la terre (9).

On conçoit donc que cette longue période de combinaisons chimiques a dû être éminemment calorifique et lumineuse, et comment on est conduit à la désigner sous le nom de *période de combustion* ou *d'oxydation.*

V.

Troisième période.

Les oxydes formés se fixèrent donc successivement sur le noyau en s'y figeant comme des scories, formant ainsi une première pellicule, visqueuse d'abord, puis solide, et constituant une sorte d'écran mauvais conducteur, qui s'opposait au rayonnement extérieur de la chaleur accumulée au centre de la sphère. Puis, ces oxydes se combinèrent entre eux suivant les lois d'association que nous révèle l'analyse chimique, et les plus abondants, tels que les oxydes de silicium, d'aluminium, potassium, sodium et magnésium, donnèrent naissance aux minéraux appelés quartz, feldspath et mica, qui composent les granites primordiaux, formant la base de l'écorce terrestre.

Il est naturel de penser que longtemps encore après la première pellicule formée, cette légère enveloppe conservait une énorme température, et que sous l'influence des réactions intérieures cette pellicule s'est plissée et fréquemment déchirée pour se ressouder ensuite, vaporisant soudain l'eau qui venait s'y précipiter. Peu à peu cependant, et grâce au calorique absorbé par le phénomène de vaporisation et rayonné dans l'espace, la pellicule finit par se refroidir et se consolider.

Mais de tous les oxydes, celui d'hydrogène étant l'un des plus volatils, l'eau dut rester longtemps et sans doute la dernière à l'état de vapeur. Cette vapeur, à raison de sa faible densité, devait occuper la région extérieure de l'enveloppe, mélangée à l'oxygène en excès et à l'azote restés libres, et cette zone fluide s'épaississant de plus en plus par la production croissante de la vapeur d'eau, finit par voiler l'éclat de la lumière émise.

D'un autre côté, la photosphère s'éteignant graduellement avec la disparition de l'hydrogène libre et des autres éléments combustibles, l'éclat extérieur s'affaiblissait en raison inverse de l'épaisseur de l'enveloppe, et cette double cause eut pour conséquence de réduire le globe à l'aspect d'une planète qui, comme Vénus de nos jours, brillait d'une faible lumière propre, confondue avec celle du soleil que réfléchissait son épaisse atmosphère.

Enfin, sous l'influence d'un refroidissement progressif, la croûte formée s'épaississant toujours, la cristallisation et l'agglomération des nouveaux éléments qui venaient s'y déposer purent s'opérer, et l'eau, d'abord retenue dans les premiers plis tracés par ses fréquentes ondulations, finit de proche en proche par augmenter, se répandre, et recouvrir la plus grande partie de sa surface.

Cette troisième période doit être désignée sous le nom de *période d'extinction* ou *de scorification.*

VI.

Quatrième période.

L'eau, longtemps bouillonnante sur son lit frémissant, fréquemment et violemment agitée, dissolvait ou tenait en suspension les éléments mal agrégés de la croûte primordiale, et du limon de ces eaux se formaient les premiers sédiments connus sous les noms de gneiss, micaschistes, schistes argileux, qui ne sont autre chose, en effet, que les détritus granitiques dissous et remaniés par les eaux, et qui constituent les terrains stratifiés les plus anciens de l'écorce terrestre.

A cette époque de la phase qui nous occupe, la photosphère avait disparu et fait place à une épaisse atmosphère où dominaient la vapeur d'eau, l'acide carbonique, l'oxygène et l'azote, que sa faible affinité pour l'oxygène et le peu de stabilité de ses composés, devaient préserver de toute combinaison.

Ces derniers élémens fluides de l'enveloppe, où les plantes devaient plus tard puiser leur nourriture, constituaient donc la réserve destinée à la production et au développement de la vie organique. En effet, dès ce moment, les minéraux étant déjà formés et les eaux concentrées, apparurent les premiers êtres du règne végétal, dont les traces se retrouvent dans les matières charbonneuses que renferment les premiers sédiments azoïques. Puis vint ensuite le règne animal, débutant comme le précédent par des êtres d'une organisation très-simple, mais dont l'apparition annonçait déjà l'aurore de la faune terrestre, qu'un progrès indéfini épure et perfectionne à chaque révolution géologique (10).

La surface de la terre continuant de se refroidir par le rayonnement de son calorique, et l'atmosphère diminuant d'épaisseur et de pression par suite de la condensation de la vapeur d'eau dont elle était chargée, l'immense quantité de carbone qui se rencontre dans la nature se trouvant alors brûlée et à l'état d'acide carbonique, ce gaz dut facilement se dissoudre dans l'eau où se trouvait aussi en dissolution de l'oxyde de calcium, avec lequel il a une très-grande affinité, et ces deux corps se combinèrent pour donner naissance à ces masses puissantes de calcaires, qui apparaissent dès le commencement de la sédimentation, et que l'on désigne sous le nom de calcaires de transition (11).

L'atmosphère ainsi purgée de cet excès d'acide carbonique, la germination et le développement des végétaux purent facilement s'exercer, et sous la favorable influence de l'air humide, de l'acide carbonique resté libre, d'une lumière diffuse et d'une tiède température, la végétation prit les proportions gigantesques qu'accusent les dépôts charbonneux exploités pour les besoins de nos industries, et dont la flore actuelle des tropiques nous offre une faible mais fidèle image (12).

Cependant, de violentes convulsions agitaient la surface du globe à ce moment ; de fréquents soulèvements venaient déplacer le lit des mers ou en modifier les rivages ; et au milieu des cataclysmes causés par l'ébranlement de sa mince écorce, la terre ferme, tour à tour mise à sec et submergée, prenait des aspects très-diversement modifiés. C'est pendant les périodes de repos que se déposèrent les puissantes formations jurassique, crétacée et tertiaire, durant lesquelles disparurent des générations nombreuses d'êtres organisés ; puis, l'atmosphère devenant de plus en plus légère et transparente, des êtres plus parfaits se succédèrent dans les deux règnes, jusqu'à l'apparition de l'homme, qui termine l'ère contemporaine.

Cette longue et dernière période peut donc être désignée sous le nom de *période géologique* ou *période d'organisation*.

VII.

Les considérations qui précèdent nous semblent en parfaite harmonie avec les données acquises à la science expérimentale, ainsi qu'avec les faits cosmiques observés en astronomie.

La vue des nébuleuses en voie de condensation. L'étude des étoiles à éclat variable, dont quelques-unes sont récemment apparues, tandis que d'autres s'affaiblissent ou ont déjà disparu du firmament. L'analyse chimique des météorites, espèces d'éléments du monde sidéral venus jusqu'à nous comme pour établir un trait d'union entre notre domaine et le reste de l'univers. L'analyse spectrale du soleil qui, outre qu'elle confirme la présence d'un noyau central, d'une photosphère et d'une atmosphère, dans cet astre que les astronomes regardent comme une étoile de deuxième grandeur, y fait aussi reconnaître les mêmes corps élémentaires que dans notre sphéroïde. Ces faits, disons-nous, viennent confirmer nos vues, et nous conduisent, en suivant l'induction la plus logique, à penser que tous les astres qui composent l'univers ont une commune origine, et subissent ces différentes phases de cohésion, de combustion, de refroidissement, et de vie.

Quoi de plus conforme d'ailleurs, à l'idée de la féconde puissance et du suprême génie de l'Être qui a formé et coordonné ces mondes, dont chaque globe et chaque atome sont l'objet d'une science égale et d'une égale sollicitude ?

Après avoir interrogé le passé de notre planète dans la rapide étude qui précède, examinons si nous pouvons pressentir ce que l'avenir lui réserve.

Il serait difficile, croyons-nous, de déduire cet avenir avec le même degré de certitude, car, là où l'expérience et l'observation font défaut, le doute reprend son empire. Négligeant, d'ailleurs, les chances d'une rencontre possible avec le noyau d'une comète, ou de l'interposition d'un nuage cosmique entre le soleil et la terre, ce qui est également possible et glacerait aussitôt notre pauvre petit globe, nous devons observer : que l'inclinaison variable de l'axe de la terre sur le plan de l'écliptique et qui modifie l'état thermique de ses différentes parties : le refroidissement constant, quoique à peine appréciable, que subit notre planète, et les révolutions géologiques qui doivent être la conséquence de sa contraction : la nature des espaces interstellaires vers lesquels se dirige notre système solaire, sont autant de causes qui peuvent influer puissamment sur l'état du globe terrestre, et y apporter les plus grandes perturbations. En se bornant même aux conditions de la vie contemporaine à sa surface, et abstraction faite de toute perturbation violente, si nous remarquons que les quatre éléments principaux de l'atmosphère primitive sont l'oxygène, l'hydrogène, le carbone et l'azote; que de ces quatre éléments l'oxygène seulement entre dans la première écorce minérale; que l'oxygène et l'hydrogène se sont unis plus tard pour constituer l'enveloppe liquide, l'eau; que l'oxygène, l'hydrogène et le carbone constituent presque entièrement le règne végétal; enfin, que l'oxygène, l'hydrogène, le carbone, et l'azote concourent à la fois à l'organisation du règne animal. Si nous tenons compte de ces faits de progression dans l'organisme, on ne peut méconnaître que les plantes et les animaux, puisant sans cesse dans l'atmosphère des éléments gazeux qu'ils s'assimilent et minéralisent en partie, cette atmosphère doit varier de composition et de pression d'une manière certaine quoique insensible, et que, dans un temps qui échappe, il est vrai, à toute appréciation numérique, les conditions biologiques auront assez changé pour que les êtres peuplant alors la terre, n'offrent avec l'ère contemporaine qu'une lointaine analogie (13).

Nous ne nous avancerons pas davantage dans cet ordre d'idées, si propres cependant à captiver l'imagination, mais nous ne terminerons pas cette courte notice sans exprimer le désir qu'on y trouve quelques aperçus nouveaux, quelques déductions utiles à la géogénie, et sans faire remarquer que, si l'origine ignée de la terre a été pressentie par les penseurs les plus éminents des siècles passés, et admise par les plus grands géologues de notre époque, aujourd'hui, et grâce à la chimie qui nous permet d'analyser et de recomposer les corps, la prédominance de l'eau sur notre globe nous apparaît comme une preuve scientifique de sa longue combustion, puisque ce liquide ne se produit qu'en brûlant l'hydrogène par l'oxygène en contact, et que les lois de la nature étant immuables, les mêmes causes ont partout et toujours produit les mêmes effets.

C'est ce fait important que nous nous sommes surtout proposé d'établir dans les quelques pages qui précèdent, et que nous serions heureux d'avoir mis en lumière (14).

NOTES EXPLICATIVES.

(1) On nous a objecté que nous ne pouvions pas affirmer la force *inhérente* à la matière, et que le langage semble nier cette qualité puisqu'on dit quelquefois que la matière est *inerte*. Mais, l'auteur de cette objection reconnaissant « qu'il existe des lois physiques et chimiques inhérentes à la matière, » il nous semble que l'objection tombe d'elle-même, car qui dit loi, dit phénomène, dit mouvement, dit force, cause de tout phénomène.

D'ailleurs, nous le demandons, conçoit-on un corps quelconque qui ne soit pas soumis à certaines forces, telles que la cohésion, qui réunit et maintient ses parties constituantes; la pression de l'atmosphère sur sa surface ; sa propre pesanteur qui l'attire vers le centre de la terre, etc., etc. Dire qu'un corps est inerte c'est sous-entendre qu'il est immobile, et pour faire voir combien cette locution est vicieuse et erronée, il suffit de rappeler que l'on se dit immobile, inerte, alors qu'on est assis et sans mouvement; quand en cet état l'on subit réellement le mouvement vertigineux de la terre autour de son axe, autour du soleil et dans les espaces stellaires, et que, au sein de notre propre corps est un foyer de combustion, un réservoir de travail chimique, un réseau nerveux sans cesse en vibration, un cœur qui oscille comme un pendule environ soixante-dix fois par minute, et fait circuler notre sang du haut en bas de notre petite machine intelligente, environ quatorze fois par heure.

La matière est donc partout et toujours soumise au mouvement, condition de la vie, et elle n'aurait pas plus de raison d'être sans la force qui l'anime, que la force sans la matière à laquelle elle s'applique. L'inertie n'a qu'un sens purement relatif, même dans le langage scientifique ; car, prise dans le sens absolu, elle ne peut se comprendre. La force est donc inséparable de la matière, elle lui est donc inhérente.

(2) On compte aujourd'hui plus de deux mille nébuleuses irréductibles. On ne contestera pas non plus que les comètes abandonnent dans l'espace une matière cosmique ?

Nous savons que l'observation directe n'a pu réunir sur ces points l'unanimité des suffrages de nos astronomes : mais, quand avec les plus grands hommes du dernier siècle, on voit les Arago, W. Herschel, Struve, Bessel, etc., incliner vers l'opinion que nous venons d'exprimer ; quand d'un autre côté, des calculs récents viennent de montrer d'une manière irréfutable que la trajectoire de la comète d'Enke éprouve l'influence d'un milieu résistant, on est, ce semble, en droit d'admettre comme éminemment probable, ce travail universel de cohésion dans la matière.

M. de Humbodt, dont personne ne récusera la haute autorité en ces matières, dit : *qu'on ne peut expliquer la formation des planètes et leur chaleur interne, autrement que par le passage de l'état gazeux de la matière à l'état solide, et par son agglomération progressive en sphéroïdes.* (*Cosmos*, page 44, tome III).

En attendant que les perfectionnements de nos télescopes permettent de trancher définitivement cette question, l'induction rend ici trop bien compte des faits et des lois générales de la matière, pour ne pas y trouver un solide point d'appui.

(3) En 1858, trois jours seulement avant la mémorable éruption du Vésuve, nous visitions ce volcan, et, descendu dans le cratère même, nous avons eu le périlleux avantage de constater de près ce jet intermittent de matières fondues, lancées dans l'espace sous forme de gerbes, et de reconnaître le mouvement oscillatoire éprouvé par la lave en fusion.

Quelques jours plus tard, nous faisions une excursion à la solfatare de Pouzzole, aussi aux environs de Naples, cirque immense où l'on exploite le soufre apporté à la surface par les émanations intérieures. A cette époque, on y voyait une ouverture irrégulière de trente centimètres de diamètre, environ, qui donnait passage à des vapeurs et des gaz que cette bouche vomissait avec un bruit effroyable, offrant ainsi le spectacle d'une formidable machine soufflante souterraine. De minute en minute s'accomplissait le double phénomène de l'inspiration et de l'expiration, attirant et repoussant alternativement des fragments de lave généralement enduits de soufre et de réalgar. Cet intéressant phénomène, que l'on pouvait contempler à loisir et sans danger dans ce vaste cratère éteint, ne peut être attribué qu'à l'oscillation d'une masse fluide située à l'intérieur, et communiquant avec l'atmosphère par cette cheminée volcanique.

(4) Il serait peut-être plus rationnel et plus conforme aux règles de l'ontologie, de considérer la cohésion, l'affinité et la gravitation, comme les modalités d'une seule et même énergie inhérente à l'atome, énergie qui détermine son mouvement et qu'on pourrait nommer la *motricité*. Toutefois, la première influence doit être celle de la cohésion, qui réunit les atomes homogènes pour constituer la particule des corps simples. Puis l'affinité, qui réunit les atomes hétérogènes pour constituer la molécule. Puis l'attraction moléculaire, que l'on peut appeler la *plastique*, et qui constitue les corps, ou les formes.

Enfin, la gravitation, qui agit sur les masses à distance, comme pour les rapprocher et les unir.

On peut donc établir quatre degrés de puissance organisatrice dans la matière, et qui correspondent au mouvement atomique, au mouvement moléculaire, au mouvement des corps pondérables vers un centre commun, et enfin au mouvement des corps célestes qui s'attirent réciproquement.

La grande similitude de la chaleur, de la lumière, et de l'électricité dans leurs lois de propagation, et leur connexité dans les phénomènes de la nature, peuvent aussi les faire considérer comme des modalités d'une même substance impondérable, qui concourt puissamment à l'association des atomes et à la détermination des formes. Ces modalités sont ce que nous désignons sous le nom de forces, ou énergies.

Toutes les forces qui sont en nous ou qui s'exercent en dehors de nous, prennent leur source dans l'atome matériel, où elles coexistent avec la matière ; la force musculaire de l'homme lui-même est due au jeu de ses organes, et proportionnelle à l'amplitude et à l'harmonie de leurs mouvements, car cette force est d'autant plus grande que l'individu est plus fortement constitué et se rapproche plus de l'état de santé parfaite.

Le mouvement est donc toujours l'effet dont l'énergie est la cause, et c'est ce phénomène qui manifeste la matière à nos sens, car sans le mouvement nos yeux ne verraient pas, nos oreilles n'entendraient pas, tous nos sens seraient sans objet, et la nature entière serait pétrifiée.

(5) La forme sphéroïdale est en effet celle de l'élément des corps. Les globules du sang affectent cette forme, ainsi que la cellule qui constitue l'élément du végétal, et les œufs, comme les graines des plantes, offrent des figures qui dérivent de cette forme primitive. Enfin, l'atome minéral, que les chimistes ont été conduits à *priori*, à admettre de forme sphé-

rique, tant à raison de la compressibilité des corps que parce que la molécule fluide qui se constitue dans un milieu d'égales pressions, affecte spontanément cette forme ; l'atome, disons-nous, semble être confirmé dans cette forme sphérique par un nouveau système de cristallographie qui, en partant des formules atomiques des sels cristallisés, arrive à décomposer la figure géométrique du cristal, en un nombre entier de sphères dont les dimensions répondent aux éléments constituants.

L'atome a donc la même forme que la terre entière et les autres masses de l'espace. Harvey a rendu cette vérité populaire pour le règne animal, par sa célèbre formule : *Omne vivum ex ovo.*

(6) Tout changement d'état, tout travail moléculaire des corps, soit par le frottement, le choc ou la pression, produit de la chaleur, ou mieux, rend sensible une certaine quantité de calorique. Il suffit de se frotter les mains pour se convaincre de ce fait, et c'est par le choc ou le frottement que l'on se procure le feu.

(7) On sait que la faible température de deux cents degrés suffit pour enflammer l'hydrogène au contact de l'oxygène, et que la présence d'un fil de magnésium dans cette flamme lui donne un éclat éblouissant.

Les récents calculs de M. Faye établissent que la photosphère du soleil est d'une épaisseur de 10,000 lieues, ce qui, par rapport à la masse de cet astre, se trouve dans la même proportion que l'écorce de la terre comparée à son volume total.

(8) La transformation incessante des eaux de la surface en vapeurs, par l'action du soleil et du vent, et la réduction de ces vapeurs en pluies par le refroidissement dans l'atmos-

phère, pluies qui retombent sur le sol pour se vaporiser de nouveau et retomber encore, sans qu'il soit possible d'entrevoir le terme de cet état de choses, peut donner une idée du phénomène dont nous venons de parler, et de son incommensurable durée.

(9) Suivant les expériences calorimétriques de MM. Fabre et Silbermann, 2 grammes d'oxygène et 16 grammes d'hydrogène combinés, produisent 18 grammes d'eau, développant en se combinant 58,000 calories, c'est-à-dire une quantité de chaleur suffisante pour faire bouillir 580 litres d'eau prise à 0 degré.

Si pour la formation de 18 grammes d'eau, il faut produire une telle quantité de chaleur, on comprend combien a dû être énergique et durable le double phénomène de combinaison et de dissociation des premiers oxydes, et quelle quantité de chaleur a dû se produire pour former l'eau des mers.

(10) On nous a objecté que rien ne prouve qu'il y a eu un progrès constant, du simple au composé, dans les êtres qui ont apparu sur la terre, et qu'un célèbre géologue américain, M. Dana, venait d'établir au contraire qu'il y avait eu de nombreux temps d'arrêts, des hyatus dans la série des animaux fossiles que nous retrouvons, et le savant auteur qui nous adresse cette objection, Monsieur le président de la Société Géologique de France, l'a déjà exposée dans sa brochure sur *Dieu et la Création, révélés par la géologie*, pages 20 et 22, où il dit :

« On entend quelquefois parler d'une sorte de chaîne continue des êtres et l'on appuie sur cette prétendue série » l'hypothèse de leur transformation graduelle ; mais cette » chaîne, on ne peut la constituer qu'en groupant en un faisceau unique tous les êtres qui ont vécu sur la terre depuis » l'origine de l'ère des mollusques jusqu'à maintenant, tandis

» qu'à chaque époque en particulier, ou dans le passage d'une » période à la suivante, on constate au contraire de nombreuses et très-grandes lacunes, des différences souvent » extrêmes entre les espèces et les genres les plus voisins. » Rien, en un mot, ne justifie cette hypothèse si gratuite de » la transmutation insensible et du développement progressif » des êtres. »

Nous n'avons point pris la tâche de défendre la célèbre hypothèse de Lamarke, sur la transmutation des êtres, bien que la métamorphose du têtard, de l'ombix, et d'une multitude de larves, soient de nature à nous y conduire, ainsi que les récents travaux paléontologiques de M. Gaudry, sur les espèces fossiles découvertes en Grèce, mais nous voulons défendre ici notre texte et rappeler ce que nous y avons consigné. Ce qu'aucun physiologiste ne pourra nier : c'est que la nature a marché dans une voie d'assimilation progressive et constante, depuis l'origine des masses minérales jusqu'à l'apparition du règne animal, en enlevant à l'atmosphère d'abord l'*oxygène*, pour constituer les oxydes terreux, c'est-à-dire la terre ferme ; l'*oxygène* et l'*hydrogène* pour former l'eau qui la recouvre ; l'*oxygène*, l'*hydrogène* et le *carbone* pour constituer les végétaux, qui avaient besoin de la terre et de l'eau pour se développer ; enfin l'*oxygène*, l'*hydrogène*, le *carbone*, et l'*azote* pour constituer les animaux, auxquels la terre, l'eau, et les végétaux étaient nécessaires.

Quant aux lacunes qui s'opposeraient à la chaîne continue des êtres qui ont successivement peuplé la terre, nous nous permettrons, à notre tour, les observations suivantes : c'est que, si l'on considère le peu d'étendue de la terre ferme relativement à la surface recouverte par les eaux, et de cette terre ferme la partie insignifiante, l'Europe, que la géologie a plus ou moins complétement explorée ; si l'on remarque combien est minime la fraction de chaque formation géologique découverte et s'offrant à nos investigations, on sera très sobre, je ne dirai pas de règles, mais même d'hypothèses, sur les séries des êtres organisés qui accompagnent chacune de ces formations, et sur les lacunes que peuvent présenter aujourd'hui ces séries.

En procédant autrement, ne ressemblerions-nous pas un peu au botaniste qui, après avoir fait l'herbier d'une de nos provinces, se croirait en mesure de décrire la flore de la France entière ?

Combien d'espèces microscopiques nous échappent dans les différents règnes de la nature ? Combien d'êtres vivent actuellement dans la profondeur des mers, et dont nous ignorons l'existence ? Combien d'espèces fossiles peuvent encore être découvertes sur le petit espace de terre que nous étudions, et combien y resteront à jamais dérobées ? Enfin, est-on bien en droit, aujourd'hui, parce que l'on peut constater quelques rares lacunes dans la série progressive des êtres que nous connaissons, d'affirmer que ces lacunes existent réellement dans la nature ? Il faudrait pour cela admettre que la paléontologie et l'anatomie comparée, sciences nées d'hier, ont déjà atteint leurs limites de perfection, et qu'il ne reste plus rien à découvrir, comme si chaque jour ne venait pas apporter son contingent de faits nouveaux et compléter les résultats de la veille.

Aristote, qui n'était point géologue, il est vrai, mais qui connaissait si bien la vie dans ce qu'elle a de plus mystérieux disait : « que dans la nature, il n'y a rien d'isolé ni de décousu. »

Est-ce que, même de nos jours, la découverte de la faune si intéressante de l'Australie ne nous a pas montré, dans l'ordre des *monotrêmes*, c'est-à-dire dans les kangorous, les échidnés, les ornithorinques, des animaux d'espèces problématiques, et que l'on hésite à classer parmi les oiseaux ou les mammifères, tellement ces animaux caractérisent le passage intime et manifeste de l'une à l'autre de ces deux espèces ?

Et cependant, de ce continent si vaste et si remarquable, nous ne connaissons encore que le littoral, et personne ne peut affirmer qu'il ne fournira pas à la postérité d'autres productions jusqu'ici inconnues.

Nous croyons donc qu'il serait plus prudent de confesser l'imperfection de nos connaissances, que de nier un développement progressif si conforme aux lois d'assimilation que nous avons signalées, et si bien en harmonie avec l'origine de notre planète, dont le refroidissement graduel semble avoir eu pour but la diffusion de la vie à sa surface.

(11) Le même savant nous objecte, au sujet de l'acide carbonique de l'atmosphère primitive, que ce gaz pouvait tout aussi bien provenir comme de nos jours, du sein de la terre, qu'uniquement de l'atmosphère.

Mais, répondrons-nous, les éléments de l'acide carbonique, carbone en vapeur et oxygène, étant fluides, ces gaz ont dû exister à cet état dans l'atmosphère et s'y trouver réunis à raison de leur faible densité et de leur affinité réciproque. Les émanations de nos jours, soit des volcans, soit du voisinage des roches éruptives de toute nature, ne proviennent, suivant les plus grandes probabilités, que de la décomposition par la chaleur intérieure, des sels calcaires dissous dans les eaux qui sillonnent l'écorce terrestre jusqu'aux profondeurs où elle est vaporisée. Il est extrêmement vraisemblable que les eaux minéro-thermales n'ont pas d'autre origine que la condensation, dans certaines crevasses ou réservoirs souterrains, de ce mélange de vapeur d'eau et d'acide carbonique, et que c'est de ces lieux que s'écoule l'eau acidulée pour venir jaillir à la surface, à des distances plus ou moins grandes de ces réservoirs minéralisateurs.

L'objection qui précède se rattache à une autre plus importante quoique de même nature, à savoir que « si l'on admet une *création*, on peut aussi bien concevoir la création de l'eau que celle de ses éléments, l'oxygène et l'hydrogène, isolément ? »

A cela nous répondrons, que si vous admettez la formation de toute pièce de l'acide carbonique ou de l'eau, etc., il n'y a aucune raison de ne pas croire que de la même manière les silicates, les carbonates, les couches siluriennes et la craie par exemple, les granits comme les sédiments, toutes les parties constituant l'écorce terrestre enfin, ont aussi été formées de toute pièce. Or, je le demande, quel est le géologue qui oserait soutenir cette hypothèse devant l'évidence du contraire ? Autant avancer que la géologie est une rêverie, et que la chimie, la plus positive des sciences naturelles, n'est qu'une simple et pure fiction.

Mais, comme si l'auteur de l'objection qui précède tenait à en déclarer lui-même l'inanité et à reconnaître que l'eau est dûe à la combinaison ignée de ses deux éléments, il ajoute, en parlant de notre division de la formation de la terre en différentes périodes : « La période de combustion me paraît néanmoins probable. »

D'ailleurs, demanderons-nous à notre éminent professeur : pouvez-vous produire de l'eau autrement qu'en brûlant de l'hydrogène, et croyez-vous que les lois de la nature varient avec les lieux et les temps ? Pour toute réponse, nous nous bornerons à citer la brochure déjà indiquée, que nous devons à son bienveillant souvenir, et où nous lisons, page 5 : « Ainsi donc, la matière première étant donnée soit de toute éternité, soit par création spéciale d'un être supérieur, on peut concevoir la formation graduelle des masses minérales par le simple fait des lois physiques et chimiques inhérentes à la matière. » Et l'auteur ajoute plus loin, page 13 :

« Les causes actuelles rendent raison du mode de formation » des minéraux. Ceux-ci se produisent journellement sous » nos yeux ; les lois de la matière sont restées les mêmes dès » leur origine. » Donc, si aujourd'hui l'eau provient uniquement de la combustion de l'hydrogène par l'oxygène, il en a été de même dès l'origine.

Nous ne voulons pas d'autre réfutation, et nous insistons sur ce point parce que cette idée de la combustion de l'hydrogène dans l'atmosphère primordiale, peut jeter une vive lumière sur les phénomènes qui ont présidé à la formation de notre planète, et que le premier, croyons-nous, nous l'avons exposée il y a environ trois ans à quelques-uns de nos amis.

(12) Si l'on pouvait donner un aperçu de la durée de cette période géologique, il faudrait rappeler que, sachant combien un arbre de grosseur connue peut donner de charbon, M. Elie de Beaumont a calculé qu'une futaie de la plus belle venue, abattue et dressée sur le sol sans intervalles, ne produirait qu'une couche de houille de deux millimètres d'épaisseur. Or, il est des couches de houille d'une grande puissance, telles que celles de Montrembert et de Montchanin, que nous avons explorées, et l'on peut approximativement se rendre compte du temps qu'il a fallu pour fournir leurs éléments. Celle de Montrembert mesure 25^{m} d'épaisseur. Supposant, ce qui est exact pour nos climats, que la maturité des bois de futaie exige 200 ans d'âge, chaque coupe de deux siècles donnant de quoi fournir 0,002 d'épaisseur de houille, il aura fallu pour former la couche citée, un temps égal à $\frac{200}{0,002} \times 25 = 2,500,000$ ou deux millions cinq cent mille années !

Et cependant, cette couche, dans la série des sédiments, n'est qu'un simple feuillet dans l'épaisseur d'un gros livre !

(13) On sait par expérience que la germination ne peut avoir lieu dans une atmosphère contenant plus de un douzième d'acide carbonique, et sans l'action de la lumière. Il a donc fallu cette double condition de la transparence de l'atmosphère et de la dissolution de la majeure partie de l'acide carbonique

dans les eaux des mers, pour que la terre devînt propre à la végétation.

On sait également que ce phénomène de la germination est une combustion du carbone de la graine, par l'oxygène libre, qui le transforme en acide carbonique. C'est donc par l'oxigène que retient l'atmosphère, que l'air concourt à former les premiers rudiments des plantes, et, s'il est vrai que MM. de Saussure et Dumas ont reconnu que la végétation est une véritable respiration dans laquelle l'oxygène, enlevé à l'atmosphère, lui est restitué par la décomposition de l'acide carbonique, il faut bien cependant reconnaître que, en dernière analyse, la végétation soutire de l'atmosphère, du carbone, de l'azote et de l'oxygène, et que ce dernier gaz ne peut lui être régulièrement restitué, puisque, pendant les hivers des zônes tempérées, où la végétation sommeille, la partie verte des plantes, le chlorophille qui opère la décomposition de l'acide carbonique, n'existe plus et l'oxygène n'est plus rendu à l'atmosphère, tandis qu'il continue d'y être puisé par l'oxydation minérale, la combustion et la respiration des animaux.

Il est donc indubitable que la vi; organique modifie lentement les conditions biologiques des êtres répandus sur la surface de la terre.

(14) Enfin, nous objectent quelques esprits timides, comment pourrez-vous concilier votre théorie de l'origine stellaire de la terre avec la cosmogonie de Moïse ?

Nous avouerons franchement ne nous en être nullement préoccupé.

Il est des personnes, nous le savons qui aiment mieux ignorer que de comprendre, fermer les yeux que de voir la lumière, et nous ne doutons pas que celles-là jetteront au loin notre brochure après en avoir lu quelques lignes, en nous qualifiant de rêveur, peut-être même d'impie. Elles ne voudront pas de peur de compromettre la foi acquise, admettre avec nous, et même en compagnie des Descartes, Leibnitz, Buffon, Laplace, etc., que notre globe n'est qu'un astre éteint et refroidi, et cependant ces mêmes personnes rougiraient de contester que la terre est ronde et qu'elle tourne sur elle-même, malgré les apparences, et les protestations dogmatiques. De telles inconséquences sont propres à affliger plutôt qu'à décourager.

Nous concevons aussi l'alarme que doit jeter dans l'esprit des savants qui voudraient rester orthodoxes, les grandes découvertes que depuis deux siècles la science a proclamées, et qui relèguent si loin derrière nous les pieuses fictions de nos pères. Nous comprenons les efforts tentés pour concilier ces lumières de la raison que Dieu nous a donnée, avec les dogmes de la foi enseignée par les livres, car on renonce difficilement aux idées préconçues et aux croyances traditionnelles ; mais il faut cependant bien prendre un parti et renoncer à concilier des préceptes inconciliables.

Pourquoi hésiter ? Le but de la science n'est-il pas de découvrir et de proclamer les lois de ce grand code qu'on appelle la nature, livre toujours ouvert et beaucoup plus sûr que le livre des hommes, puisqu'il émane de Dieu lui-même?

Quand, il y a 300 ans, Copernic apprenait au monde étonné que la terre, jusque là considérée comme le centre et le principal objet de l'univers, n'était qu'un satellite du soleil, qu'un grain de sable tourbillonnant dans l'espace, il réduisait à néant la vaste conception mosaïque, où se révèle cependant plus d'un trait de génie ; mais il pouvait dire aux consciences effrayées : Cela est, et je vous le démontre. Or, puisque cela est, c'est que Dieu l'a fait ainsi, et puisque nous le voyons, c'est qu'il l'a ainsi voulu. Où donc est le mal si ce n'est dans l'ignorance ?

Il est vrai que longtemps encore on a protesté, longtemps

on a douté, mais, malgré d'énergiques résistances le fait a prévalu sur le livre. C'est ainsi que la science triomphe toujours en dernier ressort des préjugés, même les mieux établis, car la science est à l'esprit ce que la lumière est aux yeux, et devant cette lumière s'évanouiront un jour les dernières ombres de la superstition.

Angers, Imp. P. Lachèse, Belleuvre et Dolbeau. 6 184.

www.ingramcontent.com/pod-product-compliance
Ingram Content Group UK Ltd.
Pitfield, Milton Keynes, MK11 3LW, UK
UKHW020356250726
13967UKWH00005B/2314

9 782011 925336